Nihath Nazleen A

Síntese assistida por micro-ondas de derivados de hidrazona do isoindole

Nihath Nazleen A

Síntese assistida por micro-ondas de derivados de hidrazona do isoindole

ScienciaScripts

ÍNDICE DE CONTEÚDOS

1. Introdução

1.1 Química Medicinal

A química medicinal ou farmacêutica é uma disciplina na intersecção da química e da farmacologia envolvida na conceção, síntese e desenvolvimento de medicamentos. A química medicinal envolve a identificação, a síntese e o desenvolvimento de novas entidades químicas adequadas para utilização terapêutica. Inclui também o estudo dos medicamentos existentes, das suas propriedades biológicas e das suas relações quantitativas estrutura-atividade (QSAR). A química farmacêutica centra-se nos aspectos de qualidade dos medicamentos e tem por objetivo garantir a adequação dos medicamentos ao fim a que se destinam.

A química medicinal é uma ciência altamente interdisciplinar que combina a química orgânica com a bioquímica, a química computacional, a farmacologia, a farmacognosia, a biologia molecular, a estatística e a físico-química. Os compostos utilizados como medicamentos são, na sua esmagadora maioria, produtos orgânicos. No entanto, descobriu-se que os compostos que contêm metais são úteis como medicamentos. Por exemplo, a série cis-platina de complexos contendo platina foi utilizada como agente anti-cancerígeno[1] . Este tipo de compostos é conhecido como medicamentos à base de metais. A química medicinal é uma ciência altamente interdisciplinar que combina a química orgânica com a bioquímica, a química computacional, a farmacologia, a farmacognosia, a biologia molecular, a estatística e a físico-química. Atualmente, os compostos orgânicos, os complexos metálicos e as nanopartículas são amplamente utilizados na química medicinal para a descoberta de novos medicamentos.

O químico tenta conceber e sintetizar um medicamento ou um agente farmacêutico que beneficiará a humanidade. Este composto também pode ser chamado de "droga".

1.2 Processo de descoberta de medicamentos

1.2.1 Conceção-descoberta de medicamentos

A primeira etapa da descoberta de medicamentos envolve a identificação de novos compostos activos, frequentemente designados por **"hits"**, que são normalmente encontrados através do rastreio de muitos compostos para as propriedades biológicas desejadas. Estes sucessos podem provir de fontes naturais, como plantas, animais ou fungos. Mais frequentemente, os sucessos podem provir de fontes sintéticas, como colecções históricas de compostos e química combinatória.

1.2.3 Otimização

Outra etapa na descoberta de medicâmentos envolve modificações químicas adicionais para melhorar as propriedades biológicas e físico-químicas de uma determinada biblioteca de compostos candidatos. As modificações químicas podem melhorar o reconhecimento e as geometrias de ligação (farmacóforos) dos compostos candidatos, as suas afinidades e farmacocinética, ou mesmo a sua reatividade e estabilidade durante a sua degradação metabólica.

A "relação quantitativa estrutura-atividade (QSAR) do farmacóforo desempenha um papel importante na procura de compostos líderes que apresentem a maior potência, a maior seletividade, a melhor farmacocinética e a menor toxicidade"[2] . A QSAR envolve sobretudo a físico-química e ferramentas de acoplamento molecular (CoMFA e CoMSIA), que conduzem a dados tabelados e a equações de primeira e segunda ordem. Existem muitas teorias, sendo a mais relevante a análise de Hansch, que envolve parâmetros electrónicos de Hammett, parâmetros estéricos e parâmetros logP (lipofilicidade).

A etapa final consiste em tornar os compostos principais adequados para utilização em ensaios clínicos. Isto envolve a otimização da via sintética para a produção a granel e a preparação de uma formulação de fármaco adequada.

1.3 Derivados de hidrazona em Química Medicinal

Anteriormente, através de estudos de relação quantitativa estrutura-atividade (QSAR), verificou-se que muitos dos derivados da rifamicina eram biologicamente activos em comparação com outros compostos. Por exemplo, as hidrazonas obtidas a partir de 3-formil rifamicina e derivados de N-amino-N-metil piperazina foram consideradas biologicamente activas e foram testadas para o tratamento oral de infecções em animais. Após ensaios clínicos bem sucedidos em animais, foram testadas com êxito em seres humanos. Mais tarde, muitos derivados de hidrazona biologicamente importantes foram sintetizados a partir de compostos aromáticos e alifáticos com vários grupos funcionais.

Os derivados de hidrazona são moléculas que contêm um grupo azometina altamente reativo

- (CO-NH-N=CH-) e, por conseguinte, úteis na administração de medicamentos. Verificou-se que os derivados de hidrazona possuem actividades antimicrobiana, antimicobacteriana, anticonvulsiva, analgésica, anti-inflamatória, antiplaquetária, antituberculosa e antitumoral. Por exemplo, as hidrazonas isonicotinoílicas são anti-tuberculosas; a hidrazida do ácido 4-hidroxibenzóico [(5-nitro-2-furil) metileno] (Nifuroxazida) é um anti-sético intestinal[3] ; as hidrazonas da isoniazida e do seu complexo de Fe são anti-tumorais; a iproniazida é um antidepressivo.

1.3.1 Atividade analgésica

Os analgésicos (analgésicos) são um grupo de medicamentos utilizados para aliviar a dor. A palavra analgésico deriva do grego **an-** "sem" e **algia** - "dor". Os medicamentos analgésicos actuam de várias formas nos sistemas nervosos periférico e central para aliviar a dor, mas não curam completamente uma determinada doença.

A escolha da analgesia é determinada pelo tipo de dor. Foram desenvolvidos medicamentos analgésicos para aliviar a dor relacionada com o cancro, enquanto a analgesia tradicional é menos eficaz no alívio da dor neuropática. Por exemplo, "as hidrazonas que contêm 5-metil-2-benzoxazolina, como a 2-[2-(5-metil-2-benzoxazolina-3-il) acetil]-4-cloro-4-metil benzilideno hidrazina, são analgésicos altamente eficazes, em comparação com os analgésicos tradicionais, a morfina e a aspirina".

2-[2-(5-methyl-2-benzoxazoline-3-yl)acetyl]-
4-chloro benzylidene hydrazine

1.3.2 Atividade anti-inflamatória

A inflamação é causada por queimaduras, irritantes químicos, queimaduras pelo frio, toxinas, agentes patogénicos infecciosos, necrose, lesões físicas, contundentes ou penetrantes, reacções imunitárias devidas a hipersensibilidade, radiações ionizantes, corpos estranhos, incluindo lascas e sujidade. A doença inflamatória também é classificada em dois tipos, como a inflamatória aguda e a crónica.

A inflamação aguda é um processo de curto prazo que se caracteriza por inchaço (Tumor), vermelhidão (Rubor), dor (Dolor), calor (Calor) e perda de função (Functio *laesa*) e é também iniciada pelos vasos sanguíneos locais do tecido lesionado, que alteram as proteínas plasmáticas e os leucócitos para o tecido circundante do nosso corpo. A inflamação crónica depende das condições patológicas do corpo humano, que se caracterizam por uma inflamação ativa simultânea, destruição dos tecidos e tentativas de reparação. A inflamação crónica não é a mesma que a inflamação aguda. Por exemplo, a asma. Os derivados da hidrazona são também utilizados como atividade anti-inflamatória[4] . Por exemplo, "2-(2-formilfuril) piridil hidrazona (ou) N-furan-2-il metileno-N'-piridin-2-il-hidrazina e N-acilariil hidrazona como (4'Dimetilaminobenzilideno-3-(3',4'-metilenodioxifenil) propionil hidrazina são utilizados como fármacos anti-inflamatórios.

N-Furan-3-ylmethylene-*N'*-
pyridin-2-yl-hydrazine

1.3.3 Atividade antimicrobiana

Os micróbios são organismos minúsculos - demasiado pequenos para serem vistos sem um microscópio, mas são abundantes na Terra. Vivem em todo o lado - no ar, no solo, nas rochas e na água. Alguns deles vivem alegremente num calor abrasador e outros num frio glacial. Tal como os seres humanos, alguns micróbios precisam de oxigénio para viver, enquanto outros não conseguem viver sem ele. Estes organismos microscópicos vivem em plantas, animais e no corpo humano. Um papel importante dos micróbios é o facto de serem necessários para o funcionamento da vida na Terra. Os micróbios são essenciais para uma vida saudável e não podemos existir sem eles. De facto, a relação entre os micróbios e os seres humanos é muito delicada e complexa.

Sabe-se que os derivados da hidrazona possuem atividade antimicrobiana. Por conseguinte, são utilizados para prevenir algumas doenças causadas por micróbios. Por exemplo, "hidrazona-3-oxo butirato de etil-2-arilo, hidrazonas de 1,2-benzo isotiazol, derivados de 2-amino-1,2-benzoisotiazol-3-ona, 1,3,4-oxadiazolinas de ácido 4-fluoro benzoico, hidrazida de 4-substituído[(5-nitro-tiofeno-2-il)metileno], Os derivados de piridil metileno-amino, as hidrazidas N-substituídas de alquideno/arilideno-3-ácido acético e a hidrazina *N1*-(4-metoxibenzamido) benzoílo] -N2- [(5-nitro-2-furil) metileno] são utilizados como agentes antimicrobianos"[5] .

1.3.4 Atividade antimalárica

A malária é causada quando um mosquito Anopheles infetado pica uma pessoa. Só este tipo de mosquito transmite a malária. O mosquito fica infetado ao picar uma pessoa infetada e extrair sangue que contém o parasita. Quando o mosquito pica outra pessoa, esta fica infetada. A malária é endémica nos países mais pobres do mundo, principalmente nas regiões tropicais e subtropicais de África, da Ásia e das Américas. Mais de "300 milhões de casos são registados anualmente e 1,5 a 2,5 milhões de pessoas morrem desta doença por ano"[6] . Há uma necessidade urgente de descobrir novos medicamentos mais seguros e de baixo custo para o tratamento da malária.

A halofantrina, os antifolatos e as quinolinas 4-substituídas, como a amodiaquina e a mefloquina, eram até agora utilizados para tratar a malária não complicada. Os derivados da hidrazona também apresentam actividades antimaláricas.

1.3.5 Atividade antiviral

Muitas doenças, como a febre, a constipação e a gripe, são principalmente causadas pelo ataque de vírus. Os vírus são classificados em vários tipos. Um vírus específico provoca doenças diferentes nos seres humanos e nos animais.

Por exemplo, a varicela é causada pelo vírus da varicela zoster (VZV); a quinta doença afecta as crianças, que é causada pelo parvovírus B19 e também é referida como

HN
HN
H_2N
N
N
N
Abacavir
OH

eritema infecioso ou vermelhidão infecciosa e síndrome da bochecha esbofeteada[7] . A influenza ou "gripe" é uma doença cujos sintomas são febre alta, dor de cabeça, cansaço, tosse, dor de garganta, corrimento nasal ou nariz entupido, dores no corpo e vómitos. Estas doenças são mais comuns nas crianças do que nos adultos; a febre de Lassa é causada pelo vírus de Lassa. As doenças comuns acima mencionadas provêm de diferentes tipos de vírus. A SIDA também é causada pelo vírus VIH (imunodeficiência humana).

1.3.6 Atividade anticonvulsiva

A epilepsia é uma doença neurológica crónica comum, também conhecida como doença principal das convulsões ou ataques. A epilepsia afecta 50 milhões de pessoas em todo o mundo. No entanto, metade dos doentes com epilepsia são crianças. Os sintomas das crises de epilepsia ou convulsões devem-se a uma atividade eléctrica anormal e a uma atividade neuronal excessiva ou síncrona no cérebro. As crises de epilepsia ou convulsões também podem ocorrer em animais (não em animais de estimação como o gato, o cão, etc.) para além dos humanos. As crises de epilepsia são classificadas em dois tipos, como crises parciais e generalizadas. As crises parciais de epilepsia também são conhecidas como crises locais ou focais e começam com uma atividade anormal numa parte mais pequena do cérebro. As convulsões generalizadas começam a partir de impulsos eléctricos anormais do cérebro.

A maioria das crises de epilepsia é normalmente controlada, mas não curada, com medicação, mas a cirurgia neurológica pode ser a cura em casos difíceis de crises de epilepsia. No entanto, mais de 30% das pessoas com epilepsia não conseguem controlar as crises, mesmo com os melhores medicamentos disponíveis. Na antiguidade, o teste do eletrochoque máximo (MES) e o teste do enetetrazol pentílico subcutâneo (sc PTZ) são os mais utilizados para avaliar a atividade anticonvulsivante. Os derivados da hidrazona, tais como "acetil, oxamoil hidrazonas e GABA (-4- (γ)-ácido amino butírico) hidrazonas são utilizados como atividade anticonvulsiva"[8] .

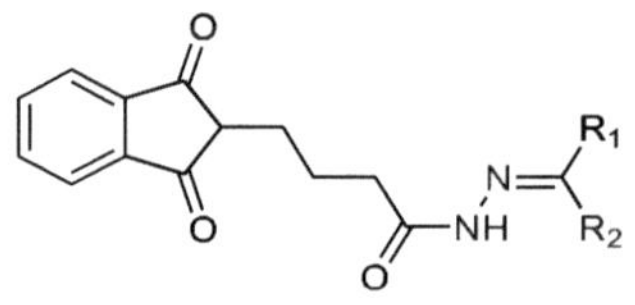

1.3.7 Atividade anti-micobacteriana (tuberculosa)

A tuberculose (TB) é uma doença mortal, comum e perigosa, causada pelo Mycobacterium tuberculosis. A tuberculose ataca normalmente os pulmões (como tuberculose pulmonar), o sistema nervoso central (SNC), o sistema linfático, o sistema circulatório, o sistema geniturinário, o sistema gastrointestinal, os ossos, as articulações e até a pele. Outras micobactérias como *Mycobacterium bovis, Mycobacterium africanus, Mycobacterium Canetti* e *Mycobacterium microti* também produzem a tuberculose.

Em 2004, as estatísticas relativas à saúde humana indicam que "14,6 milhões de pessoas têm casos crónicos activos (tuberculose), 8,9 milhões de pessoas têm novos casos e 1,6 milhões de pessoas morreram "[9] sobretudo nos países em desenvolvimento. A doença da tuberculose é causada principalmente pelo efeito do sistema imunitário humano. Os derivados da hidrazona são utilizados para tratar a tuberculose. Por exemplo, "a isoniazida, a iponiazida, a isocarboxazida, a hidrazona de 4-quindilo e as

Benzoic acid hydrazide
(OR)isoniazid

hidrazonas de fluoroquinolonas são utilizadas como medicamentos anti-tuberculose"[9]

1.4 Química Verde

A química verde envolve o desenvolvimento de produtos químicos e procedimentos sintéticos que são amigos do ambiente e têm riscos reduzidos para a saúde, com a procura de métodos mais eficientes para fazer química. As suas raízes remontam a dez anos atrás, de uma ideia simples a um conceito proeminente que permeia todas as áreas da química moderna.

1.4.1 Necessidade de uma química verde

A química é, inegavelmente, uma parte muito importante da nossa vida quotidiana. Os alimentos e as bebidas tornaram-se seguros para consumo, o desenvolvimento dos cosméticos permitiu-nos embelezar e admirar a nossa aparência e toda a área farmacêutica permitiu o desenvolvimento e a síntese de novas curas para doenças e enfermidades, tudo graças à química. No entanto, os desenvolvimentos químicos adicionais também trazem novos problemas ambientais e efeitos secundários inesperados e nocivos, que resultam na necessidade de produtos químicos "mais ecológicos"[10] .

Um exemplo famoso é o pesticida DDT, que foi eficaz no controlo de pragas de insectos portadores de doenças mortais, mas que mais tarde se descobriu ter implicações na população de águias carecas e que se suspeitava ser potencialmente cancerígeno.

A química verde analisa a prevenção da poluição à escala molecular e é uma área extremamente importante da Química devido à importância da Química no nosso mundo atual e às implicações que pode ter no nosso ambiente.

1.4.2 Conceito de química verde

A química verde consiste em produtos químicos e processos químicos concebidos para reduzir ou eliminar os impactes ambientais negativos. A utilização e produção destes produtos químicos pode envolver a redução de resíduos, componentes não tóxicos e uma maior eficiência. A química verde é uma abordagem altamente eficaz para a prevenção da poluição porque aplica soluções científicas inovadoras a situações ambientais do mundo real. Os 12 Princípios da Química Verde, originalmente publicados por Paul Anastas e John Warner em Green Chemistry[11] .

1.4.3 Reação assistida por micro-ondas

A irradiação por micro-ondas tornou-se uma ferramenta estabelecida na síntese orgânica devido ao aumento da taxa, rendimentos mais elevados e melhor seletividade em relação ao método de reação convencional. As micro-ondas (0,3 a 300 GHz) situam-se entre as radiações electromagnéticas de infravermelhos e de radiofrequência. A partir da taxa de aquecimento por ação de micro-ondas na cozedura e descongelação de alimentos, percebeu-se que poderia produzir efeitos semelhantes na assistência à reação realizada nos laboratórios de investigação. Era evidente que as reacções eram mais rápidas, mais limpas e com um trabalho mais fácil do material final, poupando uma grande quantidade de tempo. Embora a maioria das reacções assistidas por micro-ondas seja realizada no estado sólido, a reação em fase de solução também tem sido popular. Existem geralmente dois tipos de reação assistida por micro-ondas.

No primeiro tipo, os reagentes são suportados num material inativo (ou) pouco ativo em termos de micro-ondas, como a sílica ou a alumina. Neste tipo de reação, um dos componentes deve ser polar, para que possa ativar a reação química. No segundo tipo de reação seca, será utilizado um suporte sólido ativo por micro-ondas. A ausência de solvente, aliada a um tempo de reação muito curto, torna estes procedimentos muito atractivos para a síntese orgânica.

Para absorver o excesso de micro-ondas, coloca-se um copo de água no interior da cavidade, que actua como carga fictícia, protegendo assim o magnetrão dos danos provocados pelas micro-ondas reflectidas[12] . Os fornos de micro-ondas domésticos, de custo relativamente baixo, são também adequados para os químicos académicos e industriais. Normalmente, é feito um orifício no topo para facilitar a utilização de um condensador de refluxo.

É possível efetuar as reacções em condições tradicionais no interior de um forno de micro-ondas. A reação pode ser realizada em frascos abertos com curtos períodos de irradiação. Uma reação termicamente conduzida só pode ser realizada se um dos componentes estiver ativo nas micro-ondas. Os recipientes do reator devem ser transparentes às micro-ondas, pelo que são utilizados materiais feitos de Teflon ou vidro de polietileno na reação de micro-ondas. A agitação não é normalmente necessária, uma vez que as micro-ondas podem atingir diretamente o volume de uma massa de lama.

Ainda não é claro se existem efeitos específicos das micro-ondas. No entanto, o aquecimento mais eficiente reduz o tempo de reação e, consequentemente, os custos de eletricidade. A eficiência da reação em estado sólido minimiza a utilização de solventes e o seu desperdício.

1.4.4 Princípios da irradiação por micro-ondas

Quanto maior for a constante dieléctrica, maior será o acoplamento das micro-ondas. Assim, os solventes como a água, o metanol, o DMF, o acetato de etilo, a acetona, o clorofórmio, o ácido acético e o diclorometano são todos aquecidos quando sujeitos a irradiação por micro-ondas, enquanto solventes como o hexano, o tolueno, o éter e o tetracloreto de carbono não são aquecidos. Mas estes solventes também podem ser utilizados misturados com solventes activos para micro-ondas

As micro-ondas, sendo ondas electromagnéticas, contêm componentes eléctricas e magnéticas. O campo elétrico exerce uma força sobre as partículas carregadas (polares), resultando na sua rotação para se alinharem com a irradiação de micro-ondas. Isto provoca uma maior polarização das partículas polares. As forças concertadas devidas aos componentes eléctricos e magnéticos das micro-ondas mudam rapidamente de direção ($2,4*10^9$ vezes por segundo). Isto provoca o aquecimento da mistura reacional, uma vez que o conjunto de moléculas num estado líquido ou semi-sólido não pode responder instantaneamente a uma direção que se altera rapidamente, o que cria fricção que se manifesta sob a forma de calor.

1.4.5 Construção de compostos sob irradiação de micro-ondas:

Algumas das reacções populares assistidas por micro-ondas realizadas durante os últimos dois decantadores são enumeradas abaixo.

As oximas podem ser convertidas em compostos carbonílicos por trióxido de crómio suportado em sílica em meio seco sob irradiação de micro-ondas.

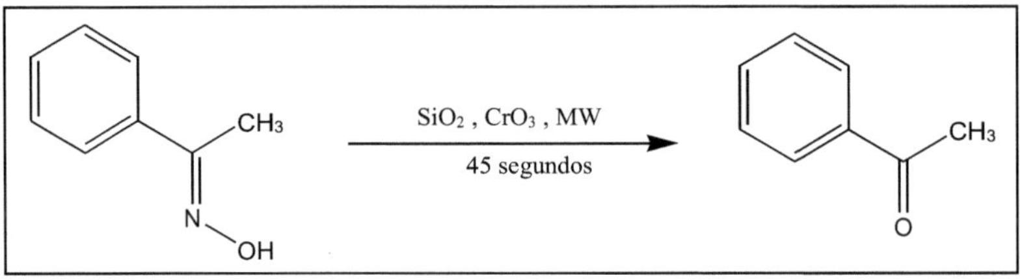

Verificou-se que os acetais e os cetais são clivados seletivamente pelo monossulfato de peroxi em alumina, em condições sem solventes, pela ação de micro-ondas.

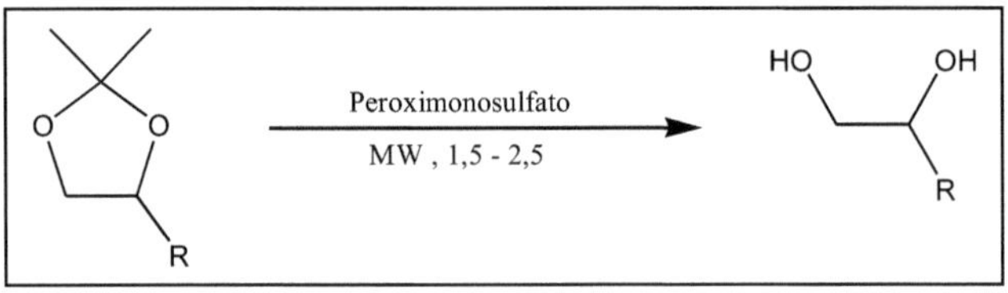

Loupy et al demonstraram que as descarboxilações assistidas por Ptc podem ser efectuadas eficientemente sob micro-ondas.

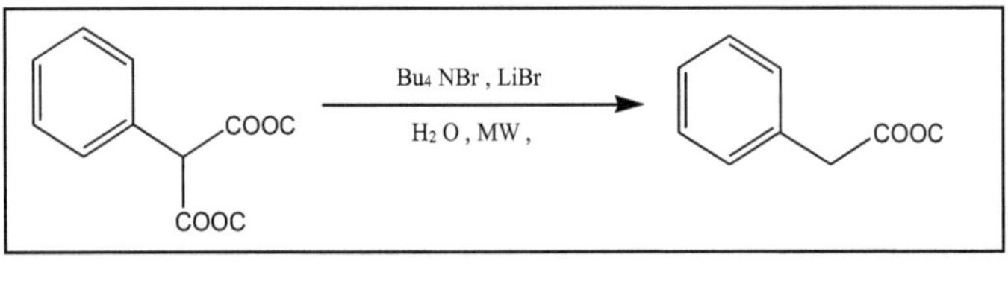

Verificou-se que os rearranjos do pinacol assistidos por micro-ondas com a montmorilonite Al^{3+} se processam em 15 minutos.

Yaozhong et.al conceberam um método para a alquilação catalisada por transferência de fase de metileno ativo sob irradiação de micro-ondas.

A condensação Knoevenagal de compostos de metileno ativo com compostos de carbonilo sob micro-ondas é muito eficaz. A reação pode ser realizada em recipientes abertos e não requer o aparelho de arranque de Dean.

Os ésteres carboxílicos são facilmente acessíveis através de uma desertificação mediada por tribromo-lantanóides utilizando micro-ondas.

1.4.6 Reação no Estado Sólido em Química Orgânica

A maior parte das reacções orgânicas tem sido estudada em solução. Mas muitas reacções ocorrem na ausência de um solvente. Por exemplo, a digestão dos alimentos, a reação entre as células e a sua multiplicação, etc., são mais sólidas do que as reacções em solução. A maior parte das reacções orgânicas no estado fundamental ocorre mais eficientemente no estado sólido do que em solução. As reacções orgânicas no estado sólido são geralmente realizadas misturando reagentes finamente pulverizados à temperatura ambiente. Em alguns casos, a reação pode ser acelerada por aquecimento, agitação ou irradiação com ultra-sons ou micro-ondas[13] .

Quando a reação de moléculas orgânicas nos seus próprios cristais não é possível, o composto pode ser adequadamente fixado a um suporte sólido ou a um composto hospedeiro e levado a reagir. Uma vez que a forma e a disposição das moléculas no hospedeiro são fixas, o mecanismo de reação pode ser estimado com precisão. O tema da reatividade orgânica no estado sólido é fascinante.

1.5 Objectivos do trabalho

> Sintetizar derivados de hidrazona de isoindole pelo método de irradiação de micro-ondas.

> As estruturas dos compostos sintetizados são caracterizadas por técnicas espectrais de FTIR, H^1 e C^{13} NMR.

> Os compostos sintetizados foram analisados quanto à atividade antimicrobiana contra bactérias seleccionadas (*E. Coli, P. aeruginosa, S. typhi*) e fungos (*Aspergillus* e *Penicillium chrysogenum*).

2. Revisão da literatura

Sevim Rollas, Nehir Gulerman e Habibe Erdeniz[14] referiram que uma série de hidrazonas e 1,3,4-oxadiazolinas da hidrazida do ácido 4-fluorobenzóico foram preparadas e avaliadas como potenciais agentes antimicrobianos e testadas quanto às suas actividades antibacteriana e antifúngica. Destes compostos, a hidrazida do ácido 4-fluorobenzóico [(5- nitro-2-furanil)metileno] mostrou uma atividade igual à da ceftriaxona contra S. aureus.

Guniz Kuçukguzel, E. Elçin Oruc, Sevim Rollas, Fikrettin Sahin e Ahmet Ozbek[15] relataram duas novas séries de derivados de 4-tiazolidinona, nomeadamente 2-substituídos-3-{[4- (4-metoxibenzoilamino)benzoil] amino}-4-tiazolidinonas e 2- [4-(4-metoxibenzoilamino)benzoil-hidrazono]-3-alquil-4-tiazolidinonas, juntamente com 2-[4- (4-metoxibenzoilamino)fenil]-5-(fenil substituído)amino-1,3,4-oxadiazóis foram sintetizados como compostos do título. Foram também preparadas N^1 -[4-(4-metoxibenzoilamino)benzoil]-N^2 - hidrazinas metilénicas substituídas e 1-[4-(4-metoxibenzoilamino)benzoil]-4-fenil tiossemicarbazidas substituídas, que foram utilizadas como intermediários para obter os compostos do título. Todos os compostos sintetizados foram analisados quanto à sua atividade antimicobacteriana contra.

Laurence Perreux e André Loupy ,[16] observaram uma racionalização dos efeitos das micro-ondas na síntese orgânica com base na natureza do meio de reação e em considerações mecanísticas. Com um controlo rigoroso e preciso das experiências, pode ser possível distinguir efeitos térmicos e específicos (não puramente térmicos). Os efeitos específicos das micro-ondas podem ser compreendidos considerando a evolução da polaridade dos sistemas durante o curso da reação e a posição do estado de transição ao longo das coordenadas da reação.

Satya Paul, Mukta Gupta, Rajive Gupta e André Loupy[17] indicaram que as pirazolo[3,4-b]quinolinas e os pirazolo[3,4-c]pirazóis foram sintetizados a partir de β-clorovinilaldeídos e hidrazina\hidrato/fenil-hidrazina utilizando p-TsOH sob irradiação de micro-ondas.

Ana Arrieta, Jose Ramón Carrillo, Fernando P. Cossío, Angel Díaz-Ortiz[*] ,

María Jose-Gomez-Escalonilla, Antonio de la Hoz, Fernando Langa e Andrés Moreno[18] relataram que a irradiação por micro-ondas induz a isomerização térmica de pirazolil hidrazonas nas correspondentes azometinas iminas, que sofrem cicloadição 1,3-dipolar com dipolarófilos pobres em electrões em poucos minutos com bons rendimentos. Por aquecimento clássico, vários dipolarófilos não reagem em condições de reação comparáveis. A regioquímica dos bipirazóis obtidos a partir de dipolarófilos assimétricos foi inferida por experiências espectroscópicas.

Marjan Jeselnik, Rajender S. Varma, Slovenko Polanc[19] e Marijan Kocevar apontaram as reacções de 5- ou 8-oxobenzopiran-2-onas puras, com uma variedade de hidrazinas aromáticas e heteroaromáticas, que são aceleradas por irradiação num forno de micro-ondas doméstico na ausência de qualquer catalisador, suporte sólido ou solvente. A abordagem fornece uma via atractiva e amiga do ambiente para várias hidrazonas heterocíclicas sinteticamente úteis.

Irwin D. Kuntz[20] demonstrou que a maior parte dos fármacos foram descobertos através de rastreios aleatórios ou da exploração de informação sobre receptores macromoleculares. Uma fonte desta informação está nas estruturas de proteínas e ácidos nucleicos críticos. A abordagem da conceção baseada na estrutura associa esta informação a programas informáticos especializados para propor novos inibidores de enzimas e outros agentes terapêuticos. Ciclos de conceção iterativos produziram compostos que estão atualmente em ensaios clínicos. A combinação da determinação da estrutura molecular e da computação está a emergir como uma ferramenta importante para o desenvolvimento de medicamentos.

Sham M. Sondhi,a, Monica Dinodiaa e Ashok Kumarb[21] relataram o número de derivados de amidina que foram sintetizados por condensação de cianopiridina e cianopirazina com hidrazidas de sulfonilo na presença de metóxido de sódio. A 2-acetilpiridina e a 4-acetilpiridina foram condensadas com sulfonil hidrazidas por irradiação de micro-ondas em fase sólida para dar as hidrazonas correspondentes. O indole-3-carboxaldeído foi condensado com sulfonil hidrazidas por refluxo em ácido acético para dar o produto de condensação correspondente.

Donna D. Yu e Barry Marc Forma[22] indicaram que a hidrazona com um grupo 4-hidroxi num anel fenílico e uma porção 4-dietilamino no outro anel fenílico foi sintetizada e demonstra que o composto possui uma ativação eficaz e selectiva. Este trabalho define uma síntese conveniente para uma ferramenta farmacológica nova e selectiva que pode ser usada para elucidar as actividades biológicas úteis".

Mohamed A. A. Radwan, Eman A. Ragab, Nermien M. Sabrya e Siham M El-Shenawyc[23] observaram que o tratamento do 3-cianoacetil-indol com os sais de diazónio do 3-fenil-5-aminopirazol e do 2-aminobenzimidazol produziu as hidrazonas correspondentes. O 3-cianoacetilindol reagiu com o fenilisotiocianato para dar os derivados de tioacetanilida correspondentes. O tratamento dos derivados de tioacetanilida com cloretos de hidrazonoilo deu origem aos correspondentes derivados de 1,3,4-tiadiazol. Além disso, a tioacetanilida reagiu com a-halocetonas para obter derivados de tiofeno ou derivados de tiazolidina-4-um. Verificou-se que os compostos recentemente sintetizados possuem potenciais actividades anti-inflamatórias e analgésicas".

Patricia Melnyk,a, Virginie Leroux,a Christian Sergheraerta e Philippe Grellier,b[24] salientaram que a biblioteca de quelantes de ferro acil-hidrazonas foi sintetizada através da reação de condensação de vários aldeídos aromáticos tratados com hidrazidas e testada quanto à sua capacidade de inibir o crescimento de uma estirpe de Plasmodium falciparum resistente à cloroquina".

Caterina Fattorusso e colaboradores[25] fundaram, A malária é um grande problema de saúde em regiões atingidas pela pobreza, onde são urgentemente necessários novos medicamentos antiparasitários a um preço acessível. Foram identificadas várias tendências de relação estrutura-atividade (SAR) e, entre os análogos sintetizados, o pirrolidinilmetilarilideno de hidrazonas e os derivados de imidazol foram considerados como as actividades antimaláricas mais potentes".

Alaaddin Cukurovali, brahim Yilmaz, Seher Gur e Cavit Kazaz[26] comunicaram que a série de bases de Schiff, combinando anéis de tiazol e ciclobutano 2,4-dissubstituídos e partes de hidrazona na mesma molécula, foi sintetizada, caracterizada e avaliada para o rastreio de actividades antibacterianas e antifúngicas em microrganismos, em quatro bactérias e Candida tropicalis".

Kamel A. Metwally, Lobna M. Abdel-Aziz, El-Sayed M. Lashine, Mohamed I. Husseiny e Rania H. Badawya[27] observaram a síntese de uma nova série de hidrazidas de ácido 2-arilquinolina-4-carboxílico. Todos os compostos-alvo foram avaliados quanto à atividade antimicrobiana contra *Staphylococcus aureus*, como exemplo de bactérias Gram-positivas, *Escherichia coli*, como exemplo de bactérias Gram-negativas, e *Candida albicans*, como representante de fungos. Entre os compostos testados, os compostos com substituintes nitro na porção arilideno mostraram as actividades antifúngicas antibacterianas mais potentes contra *E. coli*".

Dharmarajan Sriram, Perumal Yogeeswari e Ruth Vandana Devakaram[28] . apontaram várias hidrazonas e amidas do ácido diclofenaco-hidróxido que foram sintetizadas e avaliadas quanto às actividades antimicobacterianas in vitro e in vivo. Entre os compostos sintetizados, o ácido 1- ciclopropil-6-fluoro-8-metoxi-7-[N4- (2-(2-(2,6-dicloro fenilamino) fenil) acetil)-3-metil] -N1- piperazinil]-4-oxo-1,4-dihidro-3-quinolina carboxílico foi considerado o composto mais ativo in vitro com CIM de 0,0383 lM e foi mais potente do que o medicamento antituberculoso de primeira linha Isoniazida (CIM: 0,1822 lM)"

3. Materiais e métodos

3.1 Sistemas sintéticos

O esquema da síntese dos derivados de hidrazona do isoindole é apresentado a seguir:

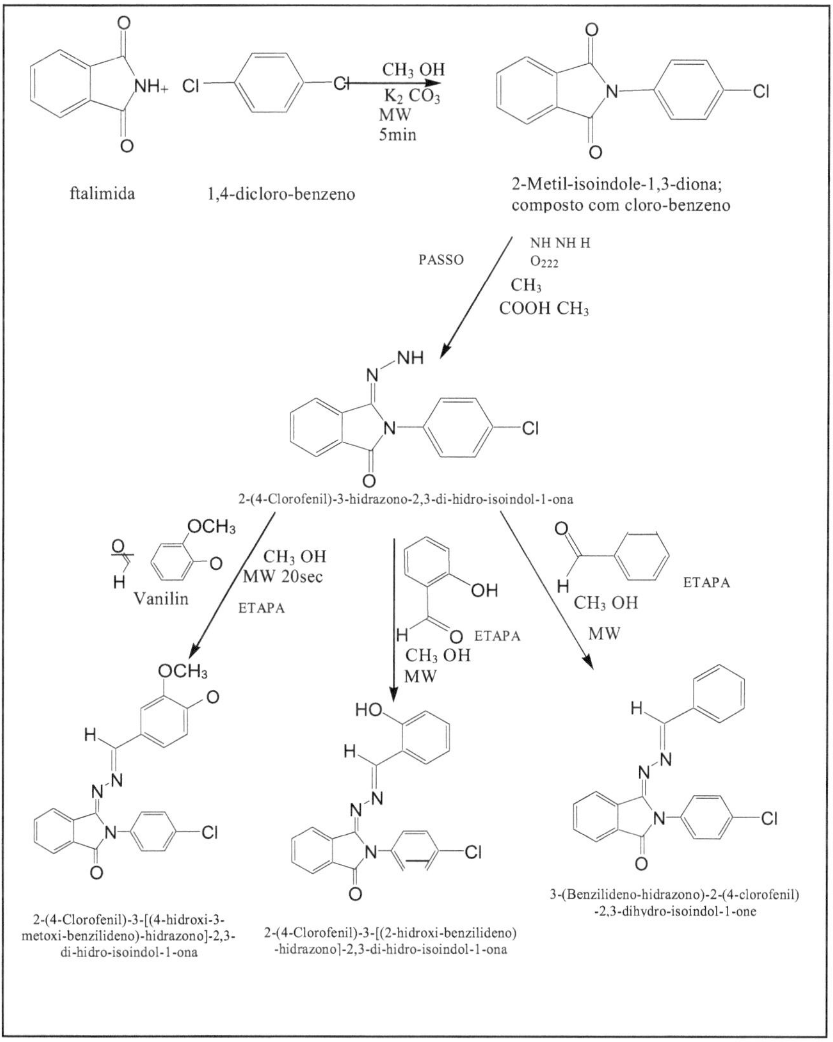

19

3.1.1 STEP-I

Síntese de 2-metil-isoindole-1,3-diona; composto com diclorobenzeno

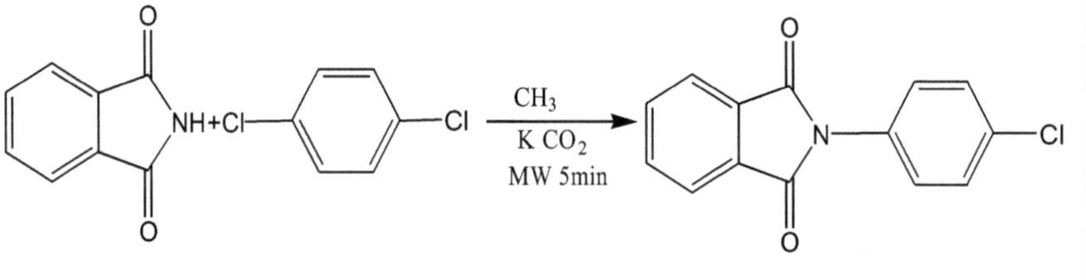

ftalimida 1,4-dicloro-benzeno 2-Metil-isoindole-1,3-diona; composto com cloro-benzeno

Uma mistura equimolar (0,01 mol em 1eq) de ftalimida (2g) e diclorobenzeno (2g) foi adicionada com carbonato de potássio (3g). Trituram-se num almofariz com pilão durante meia hora à temperatura ambiente para obter uma mistura uniforme. Esta mistura foi colocada num copo de 100 ml, foram adicionadas 2 a 3 gotas de metanol e mantida num forno de micro-ondas a 1200 W durante 5 minutos (potência 80). Após 5 minutos, obteve-se um produto sólido de cor verde.

A análise do produto foi efectuada por TLC utilizando hexano e acetato de etilo como solvente. O produto foi recristalizado com metanol aquoso.

O desaparecimento do pico -NH do CO a 2452 confirma a formação de 2-metil-isoindol-1,3-diona; composto com diclorobenzeno. [Fig 1]

4g- Rendimento 50%

3.1.3 ETAPA-II

Síntese do 3-hidrazono-2-metil-2,3-di-hidro-isoindole um; composto com cloro-benzeno

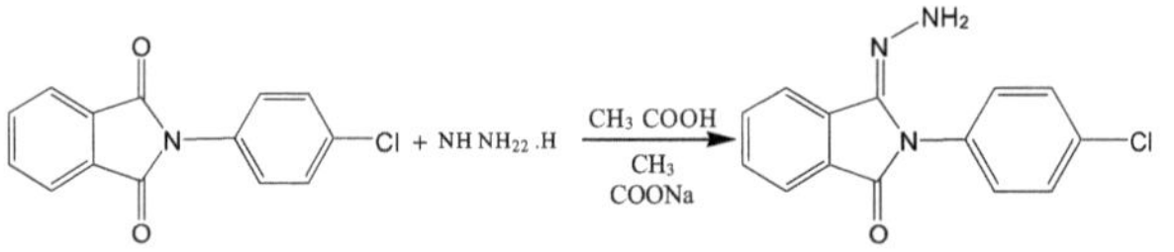

2-Metil-isoindole-1,3-diona; composto com cloro-benzeno 2-(4-Clorofenil)-3-hidrazono-2,3-di-hidro-isoind ol-1-ona

O produto da etapa I (2,308 g, 0,05 mol, 1 eq) foi adicionado com hidrato de hidrazina (7 ml, 0,05 mol, 12 eq). Foram também adicionados 2 g de acetato de sódio para suporte sólido. Agita-se bem para obter uma mistura uniforme. Adicionam-se também duas a três gotas de ácido acético. Esta mistura foi colocada num copo de 100 ml e mantida no forno de micro-ondas à potência 80 para irradiação. Após 3 minutos, obteve-se um sólido branco. O produto foi arrefecido e analisado com TLC usando hexano e acetato de etilo como solvente. A cristalização foi efectuada com metanol.

O aparecimento de -NH livre a 3422 confirma a formação de um composto de 3-hidrazono-2-metil-2,3-di-hidro-isoindole com cloro-benzeno [Fig. 2].

8g-Rendimento 61%

3.1.4 PASSO -IIIa

Síntese da 2-(4-clorofenil)-3-[(4-hidroxi-3-metoxi-benzilideno)-hidrazono]-2,3-di-hidro-isoindol-1-ona

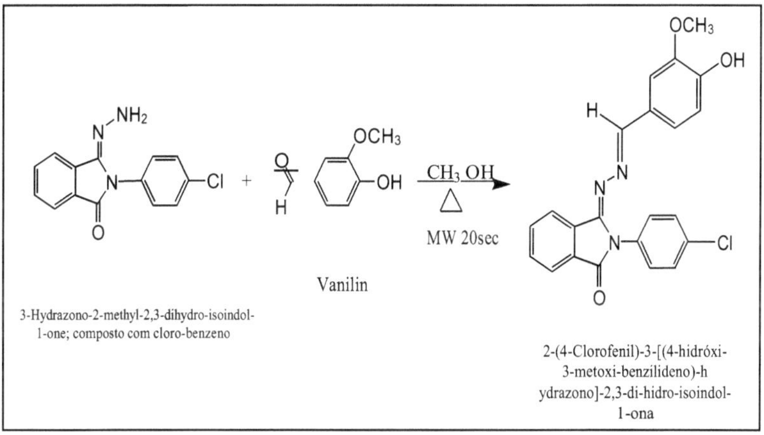

Ao produto da etapa II (3-hidrazono-2-metil-2,3-di-hidro-isoindole-1-ona; composto com cloro-benzeno, 0,5g, 0,002 mol, 1eq) em metanol (1 a 2 gotas) foi adicionada vanilina (4-hidroxi-2-metoxi benzaldeído, 0,2803g, 0,002mol, 1eq). Agita-se bem para obter uma mistura uniforme. O conteúdo é então colocado num copo de 100 ml e mantido no forno de micro-ondas durante 20 segundos. O forno foi mantido à potência de 60.

Após 20 segundos, o produto foi obtido e monitorizado por TLC. O produto em bruto foi recristalizado a partir de metanol. Obtém-se o produto (2-(4-cloro-fenil)-3-[(4-

hidroxi-3-metoxi-benzilideno)-hidrazono]-2,3-di-hidro-isoindol-1-ona) como um sólido fino de cor amarela. O desaparecimento do -NH livre confirma a formação da 2-(4-clorofenil)-3-[(4-hidroxi-3-metoxi-benzilideno)-hidrazono]-2,3-di-hidro-isoindol-1-ona. [Fig 3]

1g - Rendimento 65%

3.1.5 ETAPA-III b

Síntese da 2-(4-clorofenil)-3-[(2-hidroxi-benzilideno)-hidrazono]-2,3-di-hidro-isoindol-1-ona

3-Hidrazono-2-metil-2,3-dihidro-isoindol-1-ona; composto com cloro-benzeno

+

2-Hidroxi-benzaldeído

CH₃OH, MW 1min

2-(4-Clorofenil)-3-[(2-hidroxi-benzilideno)-hidrazono]-2,3-di-hidro-i soindol-1-ona

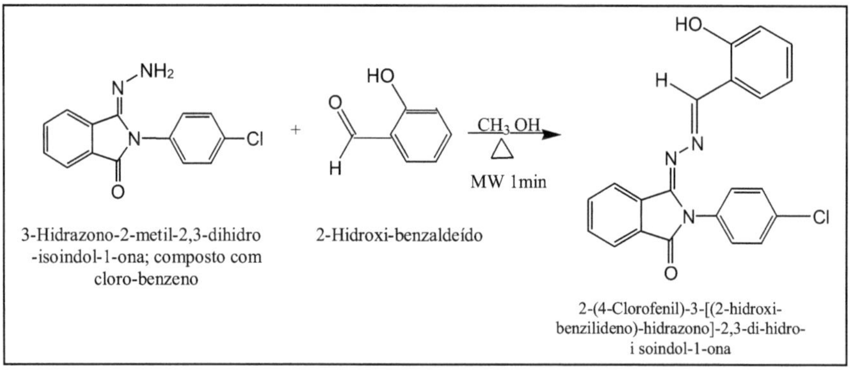

O produto da etapa II (3-hidrazono-2-metil-2,3-di-hidro-isoindol-1-ona; composto com cloro-benzeno, 0,5g, 0,002 mol, 1eq) em metanol (3 gotas) foi adicionado com 3 gotas de salicilaldeído (0,002mol,1eq). Agitam-se bem e mantêm-se no forno micro-ondas durante cerca de 1 minuto. Mantém-se na potência 60.

O produto bruto foi purificado por recristalização a partir de metanol, obtendo-se o produto 2- (4-clorofenil)-3-[(2-hidroxi-benzilideno)-hidrazono]-2,3-di-hidro-isoindol-1-ona como um sólido fino de cor amarela.

1.5g- Rendimento 69%

3.1.6 PASSO-IIIc Síntese da 3-(Benzilideno-hirazono)-2-(4-clorofenil)-2,3-di-hidro-isoindol-1-ona

O produto da etapa II (3-hidrazono-2-metil-2,3-di-hidro-isoindole-1-ona; composto com cloro-benzeno, 0,5 g, 0,0018 mol, 1eq) em metanol seco (3 gotas) foi adicionado com 3 gotas de benzaldeído (benzeno-carbaldeído, 0,0018 mol, 1eq). Misturam-se cuidadosamente com um pilão.

3-Hidrazono-2-metil-2,3-dihidro -isoindol-1-ona; composto com cloro-benzeno

Benzaldeído

CH$_3$OH
MW 1min

3-(Benzilideno-hidrazono)-2-(4-cloro-fenil)-2,3-di-hidro-isoindol-1-ona

O conteúdo é colocado num copo de 100 ml, mantido no forno de micro-ondas a uma potência de 60. Após 1 minuto, obtém-se o sólido de cor branca 3-(benzilideno-hirazono)-2-(4-clorofenil)-2,3-di-hidro-isoindol-1-ona. Em seguida, são recristalizados a partir de metanol.

0,6g- Rendimento 65%

3.2 Técnicas de caraterização

3.2.1 Espectroscopia de infravermelhos

A espetroscopia de infravermelhos é amplamente utilizada tanto na investigação como na indústria para identificação de estruturas e medição do grau de polimerização no fabrico de polímeros. Algumas máquinas de espetroscopia de infravermelhos indicam automaticamente a substância que está a ser medida a partir de uma reserva de milhares de espectros de referência armazenados. Foram desenvolvidas técnicas modernas de espetroscopia de IV para avaliar a qualidade das folhas de chá e de alguns produtos alimentares.

A técnica espectroscópica FTIR é muito útil para a identificação de materiais desconhecidos, a determinação da qualidade ou consistência de uma amostra e a quantificação de componentes em misturas.

O espetro eletromagnético que mostra o comprimento de onda correspondente à radiação infravermelha é apresentado abaixo para benefício dos alunos.

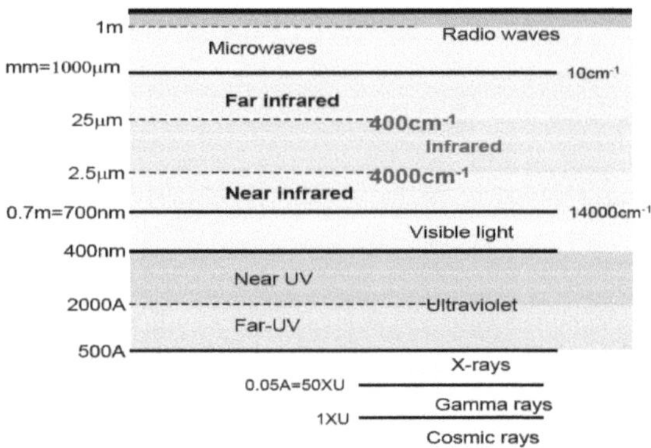

Identificação de grupos funcionais utilizando espetroscopia FTIR

O procedimento experimental de registo do espetro FTIR envolve os seguintes passos:

a) Calibração do instrumento

Antes de ser utilizado, o instrumento é calibrado através da adoção de procedimentos de ensaio normalizados. Uma vez terminado o processo de calibração, o instrumento fica pronto para a análise das amostras desconhecidas.

b) Registo do espetro

A amostra (alguns mg) em estudo é colocada num almofariz com alguns miligramas de KBr puro e isento de humidade, seguindo-se a trituração da mistura com um pilão. A pelota acima preparada é então colocada no suporte de amostras fornecido no instrumento para a execução do espetro, seguindo-se o fecho das portas do compartimento de amostras, de modo a garantir que não haja interferência de humidade no interior do instrumento. O software do instrumento é aberto e os parâmetros necessários, como a gama de registo (4000 - 400 cm^{-1}), são fornecidos antes de se iniciar o registo dos espectros da amostra desconhecida.

O gráfico do número de onda Vs absorvância/transmitância é manipulado utilizando o comportamento caraterístico de várias funcionalidades presentes na substância química desconhecida.

Os grupos funcionais importantes dos nossos derivados de hidrazona sintetizados foram caracterizado pelo espetrómetro **"FT-IR Nicolet 6700"**.

3.2.2 Espectroscopia NMR

A espetroscopia de RMN tem sido amplamente utilizada como ferramenta analítica nas indústrias farmacêutica e sintética para a caraterização da estrutura, conformação de moléculas, pureza da amostra e identificação de grupos funcionais importantes.

O espetro moderno de RMN dá bons resultados analíticos com pequenas quantidades de amostras (menos de 5mg). Assim, o espetro de RMN foi classificado em vários métodos baseados nos nucleões. Por exemplo, [1] H, [13] C, [19] F, [31] P Espectroscopia de RMN e COSY, NOSY, etc.

3.2.2.1 Espectroscopia NMR de protões ([1HNMR])

[1]A RMN é utilizada para identificar a quantidade de hidrogénio presente, quantos tipos de protões existem em cada molécula (equivalente), que tipos de hidrogénio estão presentes e como estão ligados a outros átomos, o que foi explicado através da RMN de protões. A gama[1] HNMR chemical shift é de 0 -15 ppm.

3.2.2.2 Espectroscopia 13C-NMR

A espetroscopia de Ressonância Magnética Nuclear (RMN) não se limita ao estudo dos protões. Qualquer elemento com um spin nuclear ([13] C, [17] O, [19] F, [31] P e muitos outros) dará origem a um sinal de RMN. [13]A espetroscopia de CNMR é uma técnica moderna e útil para a identificação de compostos químicos. Uma vez que o carbono é o elemento central da química orgânica, a[13] C-NMR desempenha um papel importante na determinação da estrutura de moléculas orgânicas desconhecidas e no estudo de reacções e processos orgânicos.

A ideia e a teoria por detrás da[13] C-NMR é a mesma que a[1] H-NMR, apenas um núcleo diferente, pelo que não é necessário aprender nada de novo para compreender e interpretar a espetroscopia[13] C-NMR. O espetro de[13] C-NMR fornece informações sobre os diferentes tipos de átomos de carbono presentes na molécula, o ambiente eletrónico dos diferentes tipos de carbonos e o número de "vizinhos" que dividem o carbono presente na molécula orgânica. A gama de deslocações químicas de 13CNMR é de 0-200 ppm.

Os nossos compostos sintetizados são caracterizados por **espetroscopia de RMN - Bruker Avance**

- III, 300 MHz e 400 MHz"

3.3 Cromatografia de camada fina (TLC)

A cromatografia em camada fina (CCF) é uma das técnicas laboratoriais mais importantes para separar o composto da mistura e para verificar a pureza de um composto químico com base na polaridade do solvente. A placa de Cromatografia em Camada Fina (CCF) é uma placa fina com uma camada uniforme de sílica-gel ou alumina revestida num pedaço de vidro, metal ou plástico rígido. Este gel de sílica ou a placa revestida de alumina é conhecida como **fase estacionária**. O solvente líquido ou a mistura de solventes é designado por **fase móvel**.

Uma solução de um composto ou mistura de compostos é aplicada a uma placa TLC utilizando um tubo capilar fino. Em primeiro lugar, fazer uma marca de lápis fina na placa TLC, a cerca de um quarto de polegada acima de uma das extremidades. Mergulhar o tubo capilar na solução de composto e, em seguida, tocar com o tubo na linha da placa TLC. Colocar agora a placa numa câmara de revelação (pode ser um simples copo com papel de filtro e uma tampa de folha de alumínio). A câmara de revelação deve conter algum solvente de revelação, mas o nível deste solvente não deve estar acima da marca de lápis na sua placa. Deixar o solvente subir pela placa TLC e retirar a placa quando o solvente estiver quase a chegar ao topo. Marque a distância que o solvente percorreu. Agora, visualize a sua placa, primeiro eliminando as manchas que consegue ver visualmente, depois as manchas que consegue ver com a ajuda de uma fonte de luz ultravioleta e, por último, colocando a sua placa numa câmara de iodo.

Supondo que o composto tem propriedade alifática (inativa aos UV), a placa TLC é mergulhada numa câmara contendo permanganato de potássio ($KMnO_4$). As posições dos componentes são então muito claras. Suponhamos que o produto em bruto contém algumas impurezas e que o composto puro é agora visível em várias manchas na placa TLC. É frequente utilizar a cromatografia em coluna para separar o composto puro das misturas. Uma vez visualizados os pontos, pode calcular o valor de R_f de cada um, o valor de R_f é também uma constante física de uma molécula orgânica.

Solventes em TLC

Na TLC, a maioria dos solventes é utilizada como mistura de solventes polares e não polares. Por exemplo, éter de petróleo (hexano) com acetato de etilo e clorofórmio com metanol. Os solventes como o acetato de etilo e o metanol são altamente polares; os solventes como o éter de petróleo e o clorofórmio são não polares. Uma câmara de revelação contendo cada um dos solventes polares e não polares. Por exemplo, 7 ml de éter de petróleo com 3 ml de acetato de etilo, etc.

3.4 Forno micro-ondas

A indústria utiliza micro-ondas para secar e curar contraplacado, para curar borracha e resinas, para fazer pão e donuts e para cozinhar batatas fritas. Mas a utilização mais comum da energia de micro-ondas pelos consumidores é nos fornos de micro-ondas. A Food and Drug Administration (FDA) regulamenta o fabrico de fornos de micro-ondas desde 1971. Com base nos conhecimentos actuais sobre a radiação de micro-ondas, a Agência considera que os fornos que cumprem a norma da FDA e são utilizados de acordo com as instruções do fabricante são seguros para utilização.

As micro-ondas são uma forma de radiação "electromagnética", ou seja, são ondas de energia eléctrica e magnética que se deslocam em conjunto no espaço. A radiação electromagnética varia desde os energéticos raios X até às ondas de radiofrequência menos energéticas utilizadas na radiodifusão. As micro-ondas pertencem à banda de radiofrequência da radiação electromagnética. As micro-ondas não devem ser confundidas com os raios X, que são mais potentes. As micro-ondas têm três características que permitem a sua utilização na culinária: são reflectidas pelo metal; atravessam o vidro, o papel, o plástico e materiais semelhantes; e são absorvidas pelos alimentos.

3.5 Ensaio de atividade antimicrobiana

Pesar 20 mg de composto antibiótico de teste e dissolver em 1 ml de metanol. Preparar diferentes concentrações de solução de antibiótico (500µg, 1000µg, 1500µg e 2000µg) em tubo de ensaio seco e estéril a partir de uma solução de reserva. O meio de ágar Muller-Hinton (bactérias) e o meio de ágar dextrose de batata (fungos) foram preparados e esterilizados a 121°C durante 15 minutos. Verter 20 ml de meio esterilizado para as placas de Petri e deixar o meio solidificar.

Após 24 horas de solidificação, as culturas em caldo de bactérias (*E.Coli, pseudomonas aerygenosa, salmonella typhi*) e fungos (*Aspergillus, penicillium chrysogenum*) foram espalhadas nas respectivas placas. Foram feitos cinco poços no meio de ágar de cada placa por cultura de poços (nos 5 poços, 1ˢᵗ poço para controlo, os restantes 4 poços para várias concentrações de produtos químicos).

Foram adicionadas diferentes concentrações de produtos químicos das mesmas amostras aos diferentes poços. Em seguida, as placas foram incubadas a 37°C durante 24 horas na posição vertical. Uma zona de inibição à volta do poço indica que o organismo foi inibido pelos produtos químicos. Medir a extensão das zonas de inibição.

4. Resultados e discussão

Sintetizámos uma série de derivados de hidrazona do isoindole e a sua pureza foi verificada por Cromatografia de Camada Fina. As caracterizações da estrutura são confirmadas usando[1] HNMR,[13] CNMR e técnicas espectrais FT-IR.

4.1 Síntese de hidrazonas

O mecanismo possível para o esquema de reação é descrito abaixo em pormenor. Na etapa 1, a ftalimida **1** é acoplada ao 1,4 diclorobenzeno **2** para formar **2-metil-isoindole-1,3- diona; composto com diclorobenzeno 3.** Esta reação ocorre por acoplamento "**cloro - amina**".

Na etapa 2, o **2-metil-isoindole-1,3-diona; composto com diclorobenzeno 3** reage com hidrazina-hidratada para formar **3-hidrazono-2-metil-2,3-dihidro-isoindole um; composto com cloro-benzeno 4** na via de acoplamento "**ceto-amina**". O mecanismo da reação é apresentado em pormenor a seguir.

3

4

Nesta reação, o metanol é utilizado como solvente. Na etapa 3, a vanilina reage com o **3- hidrazono-2-metil-2,3-di-hidro-isoindole um; composto com cloro-benzeno 4** para formar derivados de hidrazona. A formação de derivados de hidrazona é um exemplo de reação de condensação denominada acoplamento **"aldeído-amina"**.

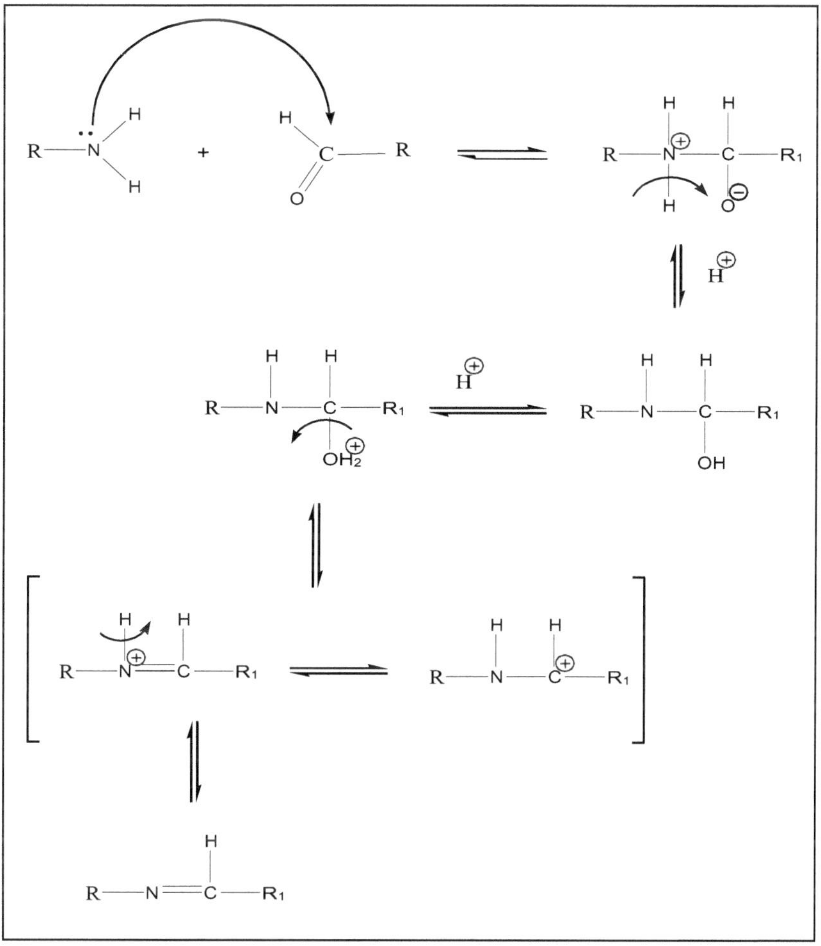

O mecanismo de formação da hidrazona começa com a adição básica de **3-hidrazono-2-metil-2,3-di-hidro-isoindole um; composto com cloro-benzeno 4** ao grupo 4-hidroxi-2-metoxi benzaldeído (Vanilina) **5**. Neste caso, a protonação do oxianião e a desprotonação do catião azoto dão origem a um intermediário hidrazida instável.

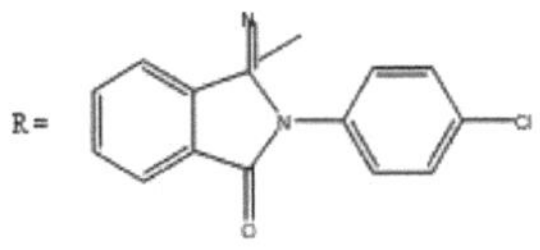

R =

4

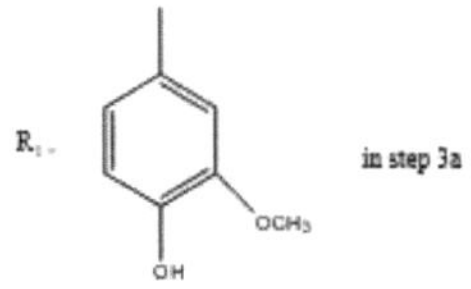

R₁ =

in step 3a

5

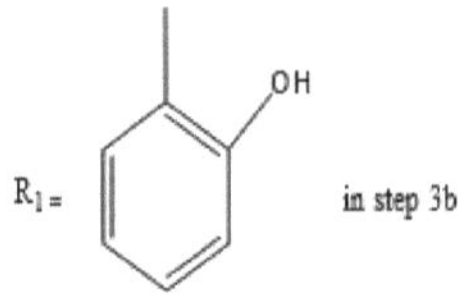

R₁ =

in step 3b

6

R₁ =

in step 3c

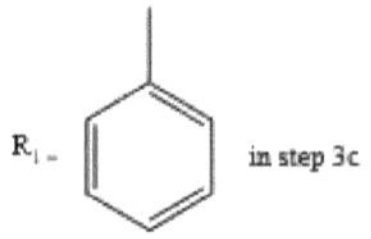

7

O mesmo mecanismo é seguido para a adição do salicilaldeído e do benzaldeído 6 e 7

4.2 Purificação de hidrazonas

Os derivados de hidrazona sintetizados são altamente polares. Foram purificados pelo método de cristalização fraccionada. Os solventes como o Diclorometano (DCM) e o éter de petróleo (**2:1**) são utilizados para a técnica de cristalização fraccionada. Os compostos são dissolvidos em diclorometano e, em seguida, é adicionado um solvente não polar em gotas. Devido à natureza polar dos derivados de hidrazona, estes são dissolvidos primeiro em DCM. As hidrazonas purificadas foram primeiro solubilizadas lentamente para a adição do solvente não polar (éter de petróleo ou éter dietílico). Em seguida, são filtradas e lavadas. A pureza das hidrazonas foi verificada por cromatografia em camada fina. Com este método, obtivemos hidrazonas com 99% de pureza.

4.3 Dados espectrais

PASSO-1

Síntese de 2-metil-isoindole-1,3-diona; composto com diclorobenzeno

IR: (KBr) cm^{-1} , Ausência de 2595(NH de CH),3080(C-H aro),1688(C=O) 1625(C-N) ,425 (C-Cl) [Fig.1]

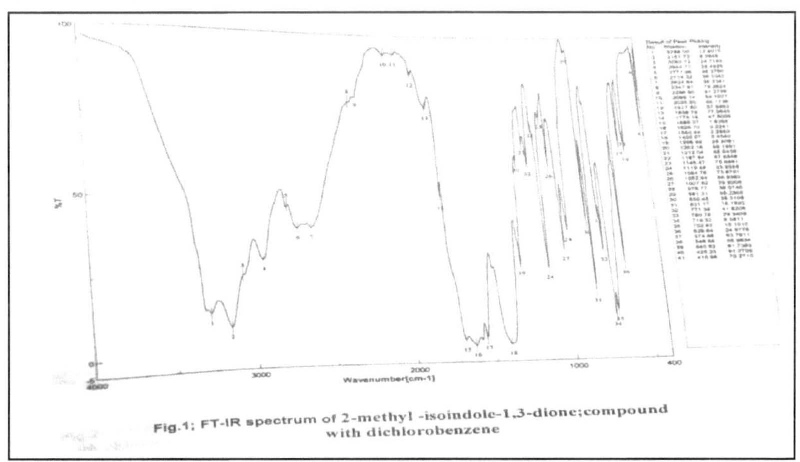

Fig.1; FT-IR spectrum of 2-methyl -isoindole-1,3-dione;compound with dichlorobenzene

PASSO-2

Síntese da 3-hidrazono-2-metil-2,3-di-hidro-isoindoleona; composto com cloro-benzeno

IR :(KBr), cm^{-1} , 1681(C=o), 1639(C=N), 3174(N-H), 1639(C-N), 414(C-Cl) [Fig. 2]

1H NMR:(DMSO, 300 MHz), δ 3.36(s, 2H, -NH2), 9.81(s, 2H, Ar-H), 7.0(d,2H, Ar-H),7.4(d, 2H, Ar-H) [Fig.6]

13CNMR: (CDCl3, 300 MHz), δ 188,80, 151,41, 124,59, 108,57, 53,906 [Fig.7]

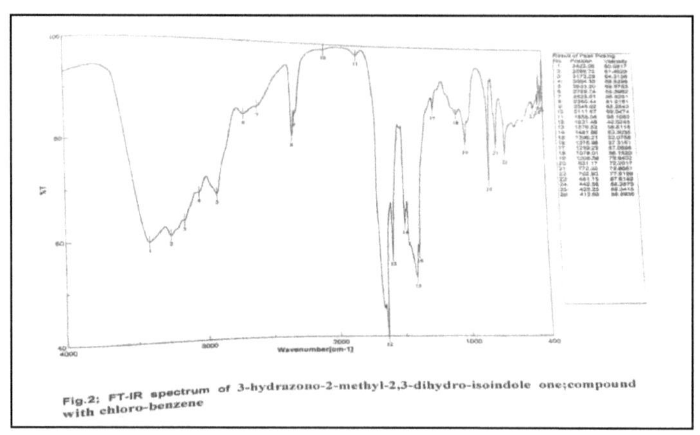

Fig.2; FT-IR spectrum of 3-hydrazono-2-methyl-2,3-dihydro-isoindole one;compound with chloro-benzene

PASSO -3a

Síntese da 2-(4-clorofenil)-3-[(4-hidroxi-3-metoxi-benzilideno)hidrazono]-2,3-di-hidro-isoindol-1-ona

IR : (KBr) cm^{-1} ,2869(C-H stre,-CH-Φ),1583(C=N), 3193(-OH), 1407(-OCH$_3$), 415(C- Cl),1667(C=O) [Fig. 3]

1H NMR: (DMSO, 300 MHz), δ 4.07(s,3H,-oCH3), 7.3(s,1H,Ar-CH=), 6.7(d, 2H,Ar-H),

7,3(d,2H, Ar-H), 9,6(s,1H, Ar-OH) [Fig.8]

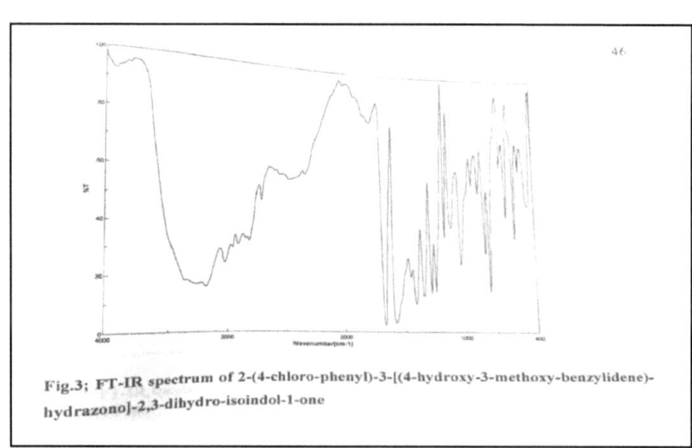

Fig.3; FT-IR spectrum of 2-(4-chloro-phenyl)-3-[(4-hydroxy-3-methoxy-benzylidene)-hydrazono]-2,3-dihydro-isoindol-1-one

PASSO-3b

Síntese da 2-(4-clorofenil)-3-[(2-hidroxi-benzilideno)-hidrazono]-2,3-di-hidro-isoindol-1-ona

IR : (KBr) cm^{-1} 2870 (C-H stre,-CH-Φ),1637(C=N), 3190 (-OH),1680 (C=O),414(C-Cl)

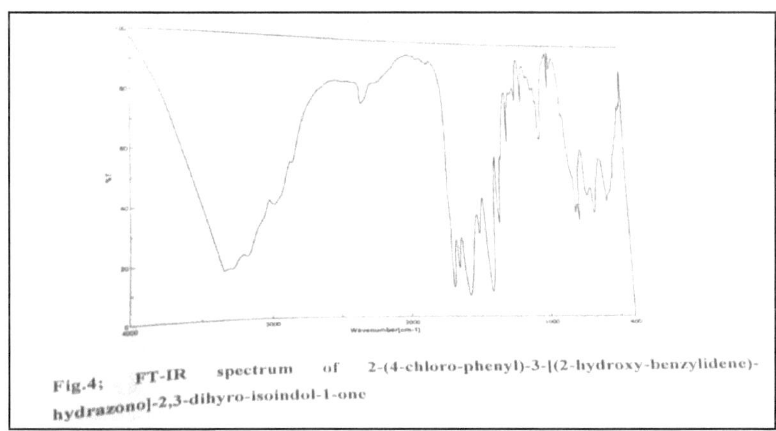

Fig.4; FT-IR spectrum of 2-(4-chloro-phenyl)-3-[(2-hydroxy-benzylidene)-hydrazono]-2,3-dihyro-isoindol-1-one

PASSO-3c

Síntese do 3-(benzilideno-hirazono)-2-(4-clorofenil)-2,3-di-hidro-isoindol-1-um

IR : (KBr) cm^{-1} 3004 (C-H stre,-CH-Φ),1640(C=N), 413 (C-Cl) [Fig.5]

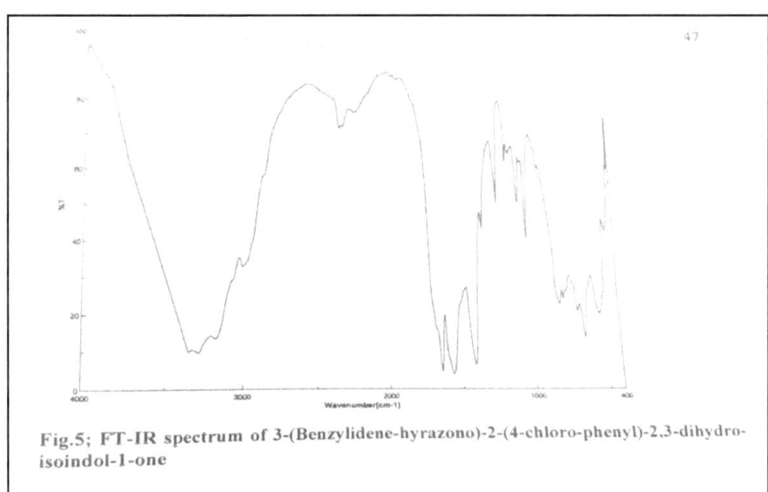

Fig.5; FT-IR spectrum of 3-(Benzylidene-hyrazono)-2-(4-chloro-phenyl)-2,3-dihydro-isoindol-1-one

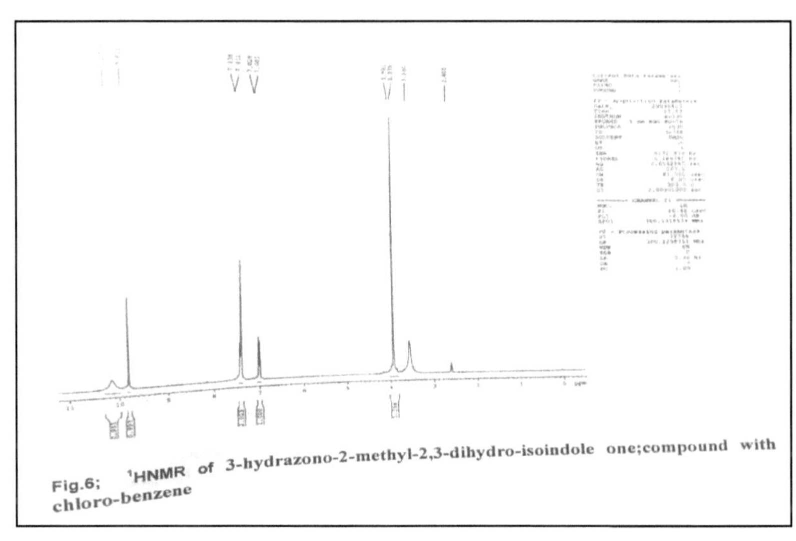

Fig.6;   ¹HNMR of   3-hydrazono-2-methyl-2,3-dihydro-isoindole one;compound with chloro-benzene

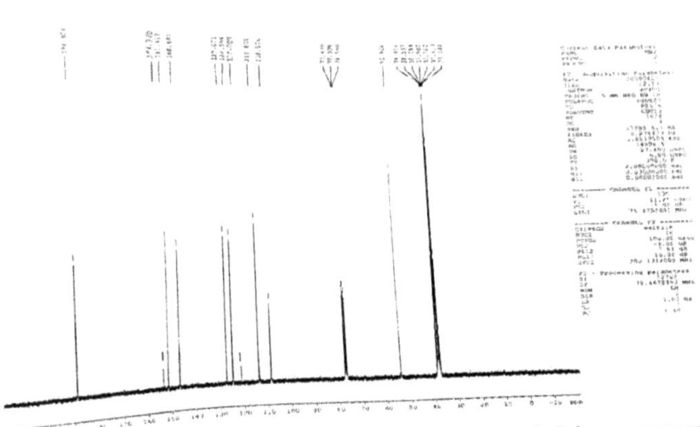

Fig.7:   ¹³CNMR,   3-hydrazono-2-methyl-2,3-dihydro-isoindole   one;compound   with chloro-benzene

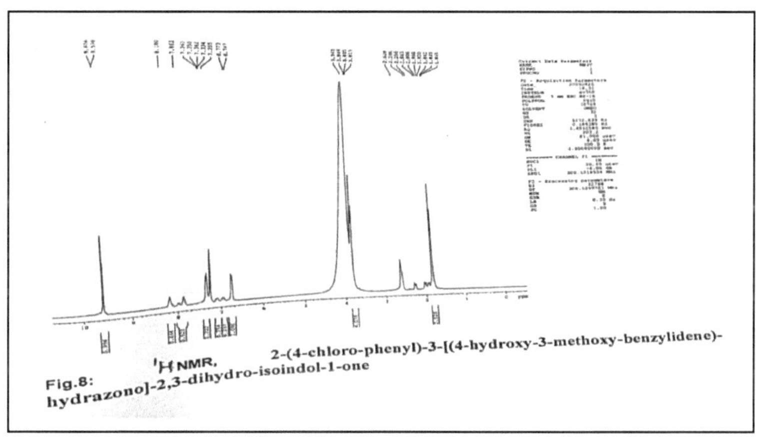

Fig.8:

4.4 Atividade antimicrobiana

Todos os compostos recentemente sintetizados foram inicialmente analisados quanto à atividade antimicrobiana contra bactérias como *Escherichia coli, Pseudomonas aeruginosa, Salmonella typhi* e fungos como *Aspergillus niger, Penicillium chrysogenum.*

Os bioensaios antimicrobianos da tabela 1 indicam que os compostos 3a, 3b e 3c foram activos contra *Escherichia coli, Pseudomonas aeruginosa, Salmonella typhi, Penicillium chrysogenum e Aspergillus niger.* Quando comparados com o antibiótico original (30-50 μg), verificou-se que estes compostos tinham inibição mínima apenas na concentração mais elevada (1000-2000 μg).

A concentração inibitória mínima é a concentração mais baixa de um medicamento que impede o crescimento de um determinado agente patogénico. Um agente patogénico deve ter um valor de concentração inibitória mínima suficientemente baixo para ser destruído pelo medicamento. Um agente patogénico com um valor de concentração inibitória mínima demasiado elevado é resistente a estes agentes em concentrações corporais normais.

A partir deste estudo, descobrimos que os compostos 3a, 3b e 3c têm atividade antimicrobiana contra agentes patogénicos seleccionados apenas na concentração mais elevada (1000 μg-2000 μg). Os dados comparativos destes compostos são apresentados na [Fig.9]

Tabela:1 Atividade antimicrobiana dos derivados da hidrazona contra bactérias e fungos seleccionados

Composto	Concentração (µg)	Zona de inibição (mm)				
		E. coli	*S. Typhi*	*P. aeruginosa*	*A. niger*	*P. crisogenum*
3a	Controlo	9.0	11.0	8.0	8.0	9.0
	1000(µg)	5.0	9.0	6.0	6.5	4.5
	1500(µg)	11.0	11.5	6.0	6.0	6.7
	2000(µg)	12.0	16.0	7.0	12.0	8.9
3b	Controlo	10.5	15.0	12.5	11.75	10.0
	1000(µg)	7.25	5.25	4.25	6.2	3.4
	1500(µg)	9.5	9.35	3.2	7.25	7.5
	2000(µg)	10.25	10.75	10.5	12.0	8.6
3c	Controlo	7.0	11.0	15.5	9.5	8.0
	1000(µg)	11.0	4.2	4.2	5.2	5.5
	1500(µg)	13.5	8.25	5.5	6.25	7.0
	2000(µg)	17.0	11.0	11.75	7.5	7.25

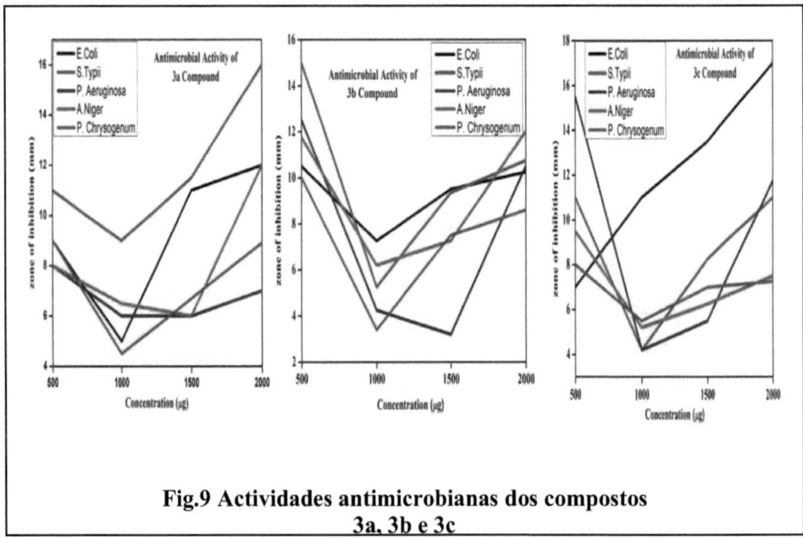

Fig.9 Actividades antimicrobianas dos compostos 3a, 3b e 3c

5. Resumo e conclusão

- ➤ Derivados de hidrazona de isoindole foram sintetizados usando o método de irradiação de micro-ondas.
- ➤ A irradiação por micro-ondas tem mais vantagens do que os métodos convencionais, nomeadamente, aumento da taxa, maior rendimento e melhor seletividade.
- ➤ As estruturas dos compostos sintetizados são confirmadas por técnicas espectrais de FTIR, H^1 e C^{13} NMR.
- ➤ Os compostos sintetizados exibiram uma boa atividade antimicrobiana contra bactérias seleccionadas (*E. Coli, P. aeruginosa, S. typhi*) e fungos (*Aspergillus* e *Penicillium chrysogenum*).
- ➤ A Química Verde ou química benigna para o ambiente é a conceção de produtos e processos químicos que reduzem ou eliminam a utilização e a produção de substâncias perigosas.
- ➤ As hidrazonas possuem actividades antimicrobiana, antimicobacteriana, anticonvulsiva, analgésica, anti-inflamatória, antiplaquetária, antituberculosa e antitumoral.

6. Referências

1. Rebecca A. Alderden, Matthew D. Hall e Trevor W. Hambley (2006). "A Descoberta e o Desenvolvimento da Cisplatina", J. Chem. Ed. 83: 728-724.

2. E. K. Freyhult, K. Andersson, M. G. Gustafsson, A modelação estrutural alarga a análise QSAR das interacções anticorpo-lisozima a 3D-QSAR,J. Biophys., 2003, 84, ISSN 2264-2272. PMID 12668435

3. Rollas, S.; Gülerman, N.; Erdeniz, H. Síntese e atividade antimicrobiana de algumas novas hidrazonas de hidrazida de ácido 4-fluorobenzóico e 3-acetil-2,5-dissubstituídas- 1,3,4- oxadiazolinas. Farmaco 2002, 57, 171-174.

4. Silva, G.A.; Costa, L.M.M.; Brito, F.C.F.; Miranda, A.L.P.; Barreiro, E.J.; Fraga,

    C.A.M. Nova classe de derivados potentes antinociceptivos e antiplaquetários da 10H-fenotiazina-1-acil-hidrazona. Bioorg. Med. Chem, 2004, 12, 3149-3158.

5. Zavala F, Cochrane A, Nardin E, Nussenzweig R, Nussenzweig V (1983) "Circumsporozoite proteins of malaria parasites contain a single immunodominant region with two or more identical epitopes". J Exp Med 157 (6): 1947-57.

6. Kappe, C. O. Eur. J. Med. Chem. 2000, 35, 1043.

7. Wang, X.; Quan, Z.; Wang, J.; Zhang, Z.; Wang, M. Bioorg. Med. Chem. Lett. **2006**, 16, 4592.

8. Amr, A. E.; Mohamed, A. M.; Mohamed, S. F.; Abdel-Hafez, N.A.; Hammam, A.G. Bioorg. Med. Chem. **2006**, 14, 5481

9. Gemma, S.; Kukreja, G.; Fattorusso, C.; Persico, M.; Romano, M.; Altarelli, M.; Savini, L.; Campiani, G.; Fattorusso, E.; Basilico, N. Síntese de N1-arilideno-N2-quinolil- e N2-acridinil-hidrazonas como potentes agentes antimaláricos activos contra estirpes de P. falciparum resistentes à CQ. Bioorg. Med. Chem. Lett. 2006, 16, 5384-5388.

10. Mansoori, Y.; Tataroglu, F. S.; Sadaghian, M. Green Chem, 2005, 7, 870.

11. Nomura, E.; Hosoda, A.; Mori, H.; Taniguchi, H. Green Chem, 2005, 7, 863.

12. Jiang, N.; Li, C. J. Chem. Commun., 2004, 394.

13. Tanaka, K.; Toda, F. Chem. Rev. 2000, 100, 1025; (b) Varma, R. S. Green

Chem.1999, 43.

14. Wang, X. S.; Zeng, Z. S.; Shi, D. Q.; Wei, X. Y.; Zong, Z. M. Synth. Commun., 2004, 34, 4331; (b) Wang, X. S.; Zeng, Z. S.; Shi, D. Q.; Tu, S. J.; Wei, X. Y.; Zong, Z. M. Synth. Commun., 2005, 35, 1921.

15. J. H. Clark, Chapman and Hall, Chemistry of Waste Minimisation, Londres, 1995.

16. G. Bram, A. Loupy e P. Laszlo, Preparative Chemistry Using Supported Reagents, Academic Press, San Diego, 1987;

17. P. T. Anastas e J. C. Warner, Green Chemistry: Theory and Practice, Oxford University Press, Oxford, 1998.

18. Abadi, A.H.; Eissa, A.A.H.; Hassan, G.S. Síntese de novos derivados de pirazol 1,3,4-trisubstituídos e sua avaliação como agentes antitumorais e antiangiogénicos. Chem. Pharm. Bull. 2003, 51, 838-844.

19. Dimmock, J.R.; Vashishtha, S.C.; Stables, J.P. Propriedades anticonvulsivas de várias acetil-hidrazonas, oxamoil-hidrazonas e semicarbazonas derivadas de compostos carbonílicos aromáticos e insaturados. Eur. J. Med. Chem. 2000, 35, 241-248.

20. Narayana Swamy, T.K. Suma, G. Venkateswara Rao, G. Chandrasekara Reddy, Síntese de hidrazonas isonicotinoílicas a partir do ácido anacárdico e sua atividade in vitro contra Mycobacterium smegmatis, European Journal of Medicinal Chemistry 42 (2007) 420-424.

21. Nalan Terzioglu and Aysel Gursoy, Synthesis, Anticancer evaluation of some new hydrazone derivatives of2,6-dimethylimidazo[2,1-b] [1,3,4]thiadiazole-5-carbohydrazide, European Journal of Medicinal Chemistry 38 (2003) 781-786.

22. Susanne Voge, Doris Kaufmann, Michaela Pojarová , Christine Müller , Tobias Pfaller, Sybille Kuhne, Patrick J. Bednarski, Erwin von Angerer, Aroyl hydrazones of 2-phenylindole-3-carbaldehydes as novel antimitotic agents, Bioorganic & Medicinal Chemistry 16 (2008) 6436-6447.

23. Masahiko Hayakawa, Kenichi Kawaguchi, Hiroyuki Kaizawa, Tomonobu Koizumi, Takahide Ohishi, Shinichi Tsukamoto, Florence I. Raynaud, Peter, Síntese e avaliação biológica de imidazo[1,2-piridinas substituídas por

sulfonilhidrazonas como novos inibidores da PI3 quinase p110a, Bioorganic & Medicinal Chemistry 15 (2007) 5837-5844.

24. W. Douglas, M. H. Fisher, J. J. Fishinger, P. Gund, E. E. Harris, G. Olson,A. A. Patchett, e W. V. Ruyle, Anticoccidiano 1-Substituído 4(1H)-Piridinona Hidrazona "

25. Sham M. Sondhi, Monica Dinodia e Ashok Kumar, Síntese, avaliação da atividade anti-inflamatória e analgésica de algumas amidinas e hidrazonas, Bioorganic & Medicinal Chemistry 14 (2006) 4657-4663.

26. Donna D. Yu e Barry Marc Forman, Bioorganic Identification of an agonist ligand for estrogen-related receptors, Medicinal Chemistry Letters 15 (2005) 1311- 1313.

27. Mohamed A. A. Radwan, Eman A. Ragab, Nermien M. Sabrya e Siham M. El-Shenawy, Síntese e avaliação biológica de novos derivados de indol 3-substituídos como potenciais agentes anti-inflamatórios e analgésicos, Bioorganic & Medicinal Chemistry 15 (2007) 3832-3841.

28. Patricia Melnyk, Virginie Leroux, Christian Sergheraert e Philippe Grellier, Conceção, síntese e atividade antimalárica in vitro de uma biblioteca de acil-hidrazonas, Bioorganic & Medicinal Chemistry Letters 16 (2006) 31-35.

29. Caterina Fattorusso, Giuseppe Campiani, Gagan Kukreja, Marco Persico, Stefania Butini, Maria Pia Romano, Maria Altarelli, Sindu Ros, Margherita Brindisi, Luisa Savini, Ettore Novellino, Vito Nacci, Ernesto Fattorusso, Silvia Parapini, Nicoletta Basilico, Donatella Taramelli, Vanessa Yardley, Simon Croft, Marianna Borriello e Sandra Gemma, Design, Synthesis, and Structure-Activity Relationship Studies of 4-Quinolinyl- and 9-Acrydinylhydrazones as Potent Antimalarial Agents., J. Med. Chem. 2008, 51, 1333-1343.

30. Cakır, B, O.Dag, E. Yıldırım Erol, K, Şahin. M.F, Síntese e anticonvulsivante Síntese, atividade antibacteriana e antifúngica de alguns novos derivados de tiazolil hidrazona contendo anel ciclobutano 3-substituído, European Journal of Medicinal Chemistry 41 (2006) 201-207.

31. Kamel A. Metwally, Lobna M. Abdel-Aziz, El-Sayed M. Lashine, Mohamed I. Husseiny e Rania H. Badawya, hidrazonas de hidrazidas de ácido 2-aril-quinolina-4-carboxílico: Síntese e avaliação preliminar como agentes

antimicrobianos, Bioorganic & Medicinal Chemistry 14 (2006) 8675-8682.

32. Dharmarajan Sriram, Perumal Yogeeswari e Ruth Vandana Devakaram, Síntese, actividades antimicobacterianas in vitro e in vivo de hidrazonas e amidas do ácido diclofenac, Bioorganic & Medicinal Chemistry 14 (2006) 3113-3118.

33. Kaymakçıoglu K.B., Oruc, E.E. Unsalan, S. Kandemirli, F. Shvets, N. Rollas, S. Anatholy, Síntese e caraterização de novas hidrazidas-hidrazonas e estudo da sua estrutura e atividade antituberculose, Eur. J. Med. Chem, 2006, 41, 1253-1261.

34. Abdel-Aal, M.T.; El-Sayed, W.A.; El-Ashry, E.H. Síntese e avaliação antiviral de algumas hidrazonas de açúcar arilglicinoil e seus derivados de oxadiazolina, Arch. Pharm. Chem. Life Sci. 2006, 339, 656-663.

Printed by Books on Demand GmbH, Norderstedt / Germany